Standesinteressen

der

Deutschen Ingenieure.

Von

ERICH VON BOEHMER,

Staatsdiplom-Ingenieur.

MÜNCHEN UND LEIPZIG.

VERLAG VON R. OLDENBOURG.

1897.

VORWORT.

Bei langjähriger Thätigkeit in der deutschen Industrie habe ich die Überzeugung gewonnen, dafs der Ingenieurstand über alle technischen Arbeiten zum Wohle anderer bisher die Wahrung seiner eigenen Interessen zu sehr versäumt hat. Aus oftmaligen intimen Unterhaltungen im Kreise von Fachgenossen weifs ich, dafs sehr viele von diesen schon längst dieselbe Meinung hegen. Dies ermutigt mich zu dem Versuche, die Berechtigung und die Hauptziele einer Interessenvertretung für unseren Stand darzulegen, die Mittel zur Hebung des Ansehens, des Einkommens und der Stellung der Ingenieure, sowie eine Reform der bisherigen Zustände — besonders Erledigung der Titelfrage und im Zusammenhange damit der Frage nach Herbeiführung eines geschlossenen Ingenieurstandes — zu besprechen.

Wenn es mir gelingt, einen Gedankenaustausch über diese wichtigen Fragen unter recht vielen Berufsgenossen anzuregen, so ist mein Wunsch erfüllt, weil ich überzeugt bin, dafs dann über etwaige Meinungsverschiedenheiten bald Einigung zu erzielen sein und nach gewonnener Klarheit gemeinsames Streben sicher zum Erfolge führen wird.

München, im Juli 1897.

v. Boehmer.

INHALT.

		Seite
I.	Berechtigung und Hauptziel der Interessenvertretung	7
II.	Bezahlung der geistigen Arbeit der Ingenieure	8
III.	Das Ansehen des Ingenieurstandes	11
IV.	Einkommen und Stellung der Ingenieure	16
V.	Notwendigkeit direkter Bezahlung aller Projektierungsarbeiten .	20
VI.	Reform der bisherigen Zustände	25
VII.	Die Titelfrage im Zusammenhange mit der Herbeiführung eines geschlossenen Standes	28
VIII.	Schluß	36

I. Berechtigung und Hauptziel der Interessenvertretung.

Wie jeder Berufsstand, hat auch derjenige der Ingenieure mancherlei Sonderinteressen, deren Wahrung und Förderung die Mitglieder mit vereinten Kräften betreiben müssen, wenn sie nicht unter Nachteilen zu leiden haben wollen. Wir sehen auch andere Stände so für sich selbst sorgen, und solange an dem Grundsatze festgehalten wird, daß derartige Bestrebungen nicht zu gehässiger Gegnerschaft zwischen verschiedenen Berufsklassen ausarten dürfen, läßt sich nichts dagegen sagen, sondern gehört ordentliche Vertretung der Interessen zu den Standespflichten.

Wer Gelegenheit hat, mit vielen unserer Fachgenossen in persönlichen vertraulichen Verkehr zu treten, während er ebensolchen auch mit Angehörigen der anderen wissenschaftlich gebildeten Berufsarten unseres Volkes pflegt, der muss den Eindruck gewinnen, dass es noch sehr viel zu thun gibt, um den Ingenieuren in vollem Maße diejenigen Vorteile und Annehmlichkeiten und die gesicherte günstige Existenz zu verschaffen, deren sich die meisten anderen Gebildeten längst erfreuen.

II. Bezahlung der geistigen Arbeit der Ingenieure.

Es ist ein beklagenswerter Mifsstand, dafs in Deutschland die Produkte der geistigen Arbeit der Ingenieure gröfstenteils unentgeltlich abgegeben werden. Auf dem Papiere stehen zwar längst die von den Architekten- und Ingenieur-Vereinen aufgestellten Normen zur Berechnung des Honorars für Ingenieurarbeiten, aber es ist allgemein bekannt, dafs von den Ingenieurbureaux der Fabriken die umfangreichsten Arbeiten der Art an jedermann unentgeltlich geliefert werden.

Professor Riedler spricht sich darüber in seinem im vorigen Jahre in Berlin erschienenen Werke »Das Maschinenzeichnen« folgendermafsen aus:

»Bei uns ist es so weit gekommen, dafs der gröfste Teil der Projekte, der mühevollen Entwürfe und Berechnungen nur der *kostenfreien* Information zu dienen hat. Die Anforderungen und leider auch die Angebote gehen weit über das hinaus, was berechtigterweise verlangt werden darf. Wie würden sich wohl Juristen (die doch nicht das geringste Geistesprodukt umsonst abzugeben pflegen), zu dem Verlangen verhalten, Gutachten und Ratschläge im Wettbewerbe und in der Aussicht abzugeben, dass dem Mindestfordernden der Preis zufallen werde? Diesen und vielen anderen Berufs- und Erwerbskreisen fällt es gar nicht ein, ihren Leistungen eine wohlbegründete Offerte kosten - frei und verantwortlich vorangehen zu lassen. — —. Der Zusammenhang des modernen Submissionswesens mit der geistigen Arbeit sowohl, als mit rechtlichen und moralischen Fragen ist so kritisch geworden, dafs sich die Notwendigkeit bestimmter Stellungnahme der schaffenden Ingenieure nicht abweisen läfst.«

Wir können es auf sich beruhen lassen, ob auch andere als uns selbst ein Vorwurf zu treffen hat, daſs bisher diese Vergeudung unserer geistigen Arbeit stattfindet, denn wir selbst oder unsere Vorgänger im Berufe haben es jedenfalls so eingerichtet, und das mag auf einer früheren Entwickelungsstufe der Industrie auch erträglich gewesen sein. Früher erforderten die technischen Bureauarbeiten weniger Zeit im Verhältnisse zum Umsatze der Fabriken und wenn dieser auch geringer war, so waren dagegen die zu erzielenden Preise bedeutend höher. Jetzt aber, wo bei gröſseren Maschinenfabriken nicht selten ein Bureau zu finden ist, in dem hundert und mehr Ingenieure konstruieren und projektieren, werden die Gewinne der Industrie fortgesetzt magerer, so daſs es schlieſslich nicht mehr möglich ist, die Spesen für die technischen Bureauarbeiten bei den Preisen der zu liefernden Gegenstände einzukalkulieren. Dabei wachsen die sonstigen Geschäftsspesen fort und fort, besonders geht es fast schon nicht mehr ohne ein litterarisches Bureau für zu druckende Prospekte ab, und es wird fast als selbstverständlich angesehen, dass der Industrielle detaillierte, gediegene Publikationen über seine neuesten Konstruktionen an jedermann hinausgibt — natürlich »gratis«.

Professor Riedler betont in seinem obenerwähnten Werke, dass Fabrikanten und Ingenieure sich grundsätzlich nicht darauf einlassen sollten, Konstruktionen, die auf eigenen Erfahrungen beruhen, *kostenlos* jedem mit allen Einzelheiten bekanntzugeben. Er verurteilt deshalb aufs schärfste die Unsitte, daſs im Submissionsverfahren, wo oft nur die Absicht besteht, das Billigste zu beschaffen, oder sich auf Kosten der Submittenten zu unterrichten, häufig die Vorlegung von Detailzeichnungen verlangt wird.

Fabrikanten mit eigener Erfahrung und ausgebildeten Konstruktionen werden in solchen Fällen lieber auf Teilnahme

an der Submission verzichten.[1]) In derartigen Submissions-
bedingungen liegt eine schwere Schädigung geistiger und
wirtschaftlicher Arbeit.

 . Die deutschen Fabrikbesitzer, Maschinenbaugesellschaften
u. s. w. bezahlen ja freilich den in ihren Bureaux angestellten
Ingenieuren die geleisteten Arbeiten, und die Kosten dafür
sollen im allgemeinen auf die Preise der Fabrikate, zu
liefernden Maschinen, herzustellenden technischen Anlagen
u. dergl. aufgeschlagen werden, so daſs das wirklich kaufende
Publikum im ganzen schlieſslich doch die Kosten tragen
soll, aber diese Art der Verrechnung hat zwei Hauptnach-
teile im Gefolge gegenüber der einfachen und gerechten Art,
daſs jedem einzelnen, der ein Projekt geliefert bekommt
oder der sich solche Informationen holt, die nennenswerte
Arbeit verursachen, auch die Kosten dafür berechnet würden.
Erstens lassen jetzt viele Leute unnötige Projekte anfertigen,
ohne überhaupt eines ausführen zu lassen, also ohne, daſs
sie jemals einen Pfennig dafür bezahlen, oder mindestens
werden von vielen, die schlieſslich eine Anlage bestellen, sehr
viel mehr Projekte von den verschiedensten Seiten eingeholt,
als den in den Anlagekosten inbegriffenen Bureauspesen ent-
spricht.[2]) Da aber die Gesamtkosten der Bureauarbeiten
auf die Preise der Fabrikate aufgeschlagen werden sollen,
so müssen jetzt die wirklichen Abnehmer, die nicht unnötig
viele Projekte machen lassen, alle Kosten, welche von den
unnützen Fragern verursacht werden, mit bezahlen, bis auf

---

[1]) »Im Auslande, insbesondere in England, Frankreich, Amerika, würde
es niemand einfallen, dem Verlangen nach kostenloser Vorlegung von Einzel-
zeichnungen zu entsprechen; es wird auch nicht gestellt. Den bei uns
üblichen maſslosen, unbilligen Forderungen würde keine ausländische Fabrik,
kein Civil Engineer, Naval Architect u. s. w. nachkommen.« (Riedler, S. 87.)

[2]) Die hierdurch im Deutschen Reiche jährlich in der Industrie ver-
geudete Arbeit bedeutet nach mäſsiger Schätzung Verluste von vielen
Millionen Mark.

einen beträchtlichen Rest, welchen solche Fabrikanten doch selbst tragen müssen, denen es nicht gelingt, die Kosten der übermäfsigen Projektarbeiten bei den Preisen der Fabrikate aufzuschlagen. Zweitens aber — *und das ist der für das Interesse der Ingenieure wichtigere Punkt* —, da so viele geistige Arbeit von ihnen dem einzelnen doch zunächst unentgeltlich geboten wird, so wird im Publikum diese Arbeit der Ingenieure gering geschätzt. Denn solange der Mensch gute Dinge umsonst haben kann, wie das Wasser, geht er nicht blofs verschwenderisch damit um, sondern er achtet sie auch geradezu gering. Die Ingenieure haben aber in mehr als einer Hinsicht grofses Interesse daran, dafs ihre geistigen Arbeiten gehörig gewürdigt werden. Da diese nun vom Publikum im allgemeinen noch weniger direkt verstanden werden, als diejenigen anderer gebildeter Berufsklassen, so ist es um so mehr nötig, jedermann zu zeigen, dass sie Geld wert sind. Mit diesem Mafsstabe, dem Preise, wird es dann eher möglich sein, dem Laien zu Gemüte zu führen, dafs mehr dahinter steckt, oder wenigstens, dafs sie doch wohl mehr Mühe machen müssen, als er zu denken pflegt.

III. Das Ansehen des Ingenieurstandes.

Es wird zwar von allen Seiten zugegeben, dafs die Technik Grofsartiges für die Kultur geleistet hat, und man hegt die gebührende Hochachtung vor allen den bedeutenden Ingenieuren, welche in den letzten hundert Jahren durch Erfindungen und technische Fortschritte eine so gewaltige Umgestaltung der wirtschaftlichen Verhältnisse in Deutschland sowohl, wie auf der ganzen bewohnten Erde herbeigeführt haben, aber — wie der anonyme Verfasser einer kürzlich

in der Augsburger Abendzeitung erschienenen Aufsatzes her-
vorhebt — es bildet der Ingenieurstand eine Ausnahme von
der Regel, daſs die Gröſse und Bedeutsamkeit der Aufgaben,
welche einer Berufsklasse im öffentlichen Leben zufallen, im
allgemeinen für das Ansehen dieses Berufes maſsgebend
sind. Der Verfasser jenes Aufsatzes ist wohl nicht mit Un-
recht der Meinung, daſs bisher im Ingenieurstande zu viel
Wert auf alleinige technische Fachbildung gelegt wird, und
er gibt uns Ingenieuren den Rat, darüber das Studium aller
möglichen Gebiete des öffentlichen und praktischen Lebens
nicht zu vernachlässigen, insbesondere uns eine umfassende
volkswirtschaftliche und finanzwissenschaftliche Bildung an-
zueignen, auch sonst eine den modernen Verhältnissen an-
gepaſste Verbreiterung unserer Bildung anzustreben. Mögen
wir seinen Rat beherzigen. Wir können dann wenigstens
die Lehren, welche wir aus wirtschaftlichen Studien ziehen,
unter anderem gleich bei uns selbst anwenden, indem wir
der bisherigen Verschleuderung der Produkte unserer geistigen
Arbeit ein Ende bereiten.

Wenn auch nach dem deutschen Reichstagswahlrechte
der politisch, sozial- und finanzwissenschaftlich ganz unver-
ständige und unbefähigte Bürger gerade so gut mitzustimmen
hat, wie jeder andere, und wenn man sogar zugeben muſs,
daſs diese dem Laien zunächst verfehlt und unzweckmäſsig
erscheinende Einrichtung manches Gute bewirkt, so kann
doch nicht in Abrede gestellt werden, daſs für jedermann,
wenn er eine höhere Stellung im öffentlichen Leben unseres
Volkes *nützlich ausfüllen* will, durch volkswirtschaftliche
und politische Studien die einzig richtige, ja unerläſsliche
Vorbildung dazu zu erlangen ist.

Von diesem Gesichtspunkte aus muſs man die im obenerwähnten Aufsatze enthaltenen Ratschläge als berechtigt anerkennen, wenn man auch weiſs, daſs leider zur Erlangung

höherer Stellungen im öffentlichen Leben oft andere Dinge, als die Fähigkeit und der Wille, dem Gemeinwohle zu nützen, mehr zu sagen haben und sicherer führen.

Das Ansehen, welches ein Berufsstand in den gebildeten Gesellschaftskreisen genießt, richtet sich aber keineswegs bloß nach dem Grade der wissenschaftlichen Bildung seiner Mitglieder, sondern es sprechen dabei andere höchst mannigfaltige Gründe mit. Das muß als Thatsache zugegeben und auch für berechtigt erklärt werden, wenn man keinen einseitig theoretischen Standpunkt einnimmt, sondern sich um die Verhältnisse des alltäglichen Lebens kümmert. Eine Betrachtung über den vorliegenden Gegenstand, bei der man dies versäumte, wäre aber praktisch wertlos.

Es würde zu weit führen, hier alle Gründe anzugeben, es mag nur erwähnt werden, daß es sich bei dem Ansehen eines Berufsstandes unter anderem um folgende Fragen handelt: Haben alle Mitglieder desselben eine vollkommen gesicherte wirtschaftliche Existenz, oder wenigstens die sichere Aussicht, eine solche im »heiratspflichtigen« Lebensalter zu erlangen, so daß sie der Sorge um den notdürftigsten Lebensunterhalt für sich und ihre Familie überhoben sind, und wie ist die standesübliche Lebenshaltung? Ist für Witwen und Waisen der Standesgenossen allgemein (obligatorisch) gesorgt, oder hat jeder, wenn er stirbt oder erwerbsunfähig wird, die »Freiheit«, seine Frau und Kinder betteln gehen zu lassen, wenn sie hungrig sind? Bringt die Berufsthätigkeit die Standesmitglieder viel in persönliche Berührung mit dem Publikum, besonders mit ungebildeten Leuten, und müssen sie sich gebräuchlicher- oder mißbräuchlicherweise von diesen oder auch von Vorgesetzten oder Brotherren mancherlei Unannehmlichkeiten gefallen lassen? Wie ist die spezielle Berufsmoral? Welche Anforderungen stellen die Fachgenossen untereinander an das sittliche Verhalten des einzelnen? Wie ist

neben ihrer wissenschaftlichen besonders ihre gesellschaftliche Bildung und ihr Benehmen, welcher Ton herrscht unter
ihnen?

Steht der Eintritt in den Berufsstand ohne weiteres
jedermann frei, oder wird er nur demjenigen gestattet, der
den Besitz gewisser Kenntnisse und Fertigkeiten nachweist,
oder wird die Aufnahme sogar nicht blofs vom Wissen und
Können des Bewerbers, sondern auch davon abhängig gemacht, ob sein Charakter und seine Persönlichkeit den mafsgebenden Leuten würdig genug erscheinen?

Man kann wohl sagen, dafs diejenigen Dinge und Um-
stände, welche hiernach zur Hebung des Standesansehens
beitragen, auch an sich recht vorteilhaft für die Genossen,
also ohnehin erstrebenswert sind, so dafs es nur als eine an-
genehme Zugabe erscheint, wenn sie noch ein höheres Ansehen herbeiführen, und letzteres dient doch keineswegs blofs
zur Befriedigung einer gewissen Eitelkeit, sondern verhilft
den Standesmitgliedern wiederum zu manchen reellen Vorteilen, zu höheren Stellungen und mindestens zu gesellschaft-
lichen Vorrechten.

Es sei ferne von uns, der Wertschätzung des Geldes
und des Lebensgenusses, welche sich bei einem Teile der
obigen Fragen ausspricht, das Wort reden zu wollen, aber
wir müssen mit den wirklich vorhandenen Eigenschaften der
Menschen, die wir doch nicht ändern können, unbedingt
rechnen. Wenn wir dies nicht thäten, so vermöchten wir
allenfalls eine recht poetische Schilderung zu geben, wie eine
tugendhafte Menschheit nach unserem Ideal sein sollte, aber
eine derartige utopische Schwärmerei nützte uns doch nichts.
Wir müssen also berücksichtigen, dafs in den machthabenden
Gesellschaftskreisen ebenso wie im ganzen übrigen Volke[1]

---

[1] Der Volkswitz dreht das zum Troste der Armen erfundene Sprichwort
um und sagt: »Armut macht nicht glücklich und Reichtum ist keine Schande.«

neben der Achtung vor dem Wissen und Können und vor
hohen geistigen und technischen Leistungen noch anderen
Dingen Wert beigemessen wird, nach denen wir deshalb auch
streben müssen, wenn wir unsere Standesinteressen wahren
wollen.

Vor allem ist einseitige Fachbildung nicht geeignet,
Ansehen zu verschaffen, und mit darauf beruhender An-
maßsung und Fachdünkel ist natürlich erst recht nichts ge-
than. Das Publikum, auch das hochgebildete, soweit es
nicht aus Technikern besteht, kann und will sich gar nicht
in die technischen Details aller neuen Erfindungen und Fortschritte unseres Faches hineindenken. Es wird deshalb nie-
mals die Schwierigkeiten sehen, mit denen wir bei der Erfüllung unserer Berufsaufgaben zu kämpfen haben, sondern
nimmt alle Verbesserungen, die wir schaffen, ohne ein Gefühl besonderer Dankespflicht hin, weil es ja »sein Geld dafür
bezahlt« und denkt nur an uns, wenn irgendwo etwas nicht
sofort recht klappt, wenn z. B. eine neue Konstruktion noch
Mängel zeigt, indem es dann seiner Verwunderung über die
Unfähigkeit der Techniker kräftigen Ausdruck verleiht. Mit
dem »durch keinerlei Sachkenntnisse getrübten Blicke« und
ohne langes Nachdenken kommt der Laie dabei meistens
auf Verbesserungsideen, die ganz unzweckmäfsig oder un-
durchführbar sind. Ihm scheint aber die Sache damit er-
ledigt, er bedauert vielleicht, keine Zeit oder kein Geld zu
haben, um seine Erfindungen ausführen zu lassen, aber er
ist überzeugt, daſs die Ingenieure doch eigentlich noch recht
wenig leisten. Wollen wir uns nun etwa einbilden, wir könnten
die Nichttechniker in dieser Hinsicht nach und nach bessern?
Nein, im Gegenteil, je mehr die Technik fortschreitet, um
so weniger werden sie Lust und Fähigkeit haben, sich in
unsere Arbeiten hineinzudenken, *und wenn wir gerecht sein
wollen, so dürfen wir ihnen das auch gar nicht zumuten,*

da wir anerkennen müssen, daſs es doch noch auf anderen Gebieten hohe und schwierige Aufgaben genug gibt, zu deren Bewältigung man nicht Techniker zu sein braucht, aber groſse Geistesbildung in anderer Richtung unerläſslich ist, so daſs die Beschäftigung damit die volle Kraft des einzelnen in Anspruch nimmt.

Beachten wir dies alles, so werden wir nicht blofs vor einer einseitigen Überschätzung der Wichtigkeit unserer eigenen Aufgaben und Leistungen bewahrt bleiben, werden erkennen, daſs auch in anderen Berufsarten als in der unsrigen mit Schärfe des Urteils, Energie, Erfindungsgeist und Fleiſs gewirkt wird, sondern wir werden auch einsehen, daſs durch die blofse Hebung unserer einseitigen Fachbildung selbst dann keine günstigere Stellung unseres Berufsstandes gegenüber den anderen zu erlangen wäre, wenn diese verhältnismäſsig geringere Fortschritte in ihrer Fachbildung machten, als wir in der unsrigen. Es muſs das ohne Einfluſs bleiben, weil die verschiedenen Arten von Bildung ja gar nicht mit einander konkurrieren.

IV. Einkommen und Stellung der Ingenieure.

Wenn das Niveau der technischen Kenntnisse und Fertigkeiten in einem ganzen Berufsstande gehoben wird, so steigen zwar die Anforderungen an jeden einzelnen und die Leistungen werden höher, aber eine Verbesserung des durchschnittlichen Einkommens der Standesmitglieder folgt deshalb noch nicht, weil alle untereinander sich nun nur um so schärfere Konkurrenz machen können. Wenn also die Standesgenossen in ihrer Gesamtheit einen pekuniären Erfolg für sich aus ihren gesteigerten Leistungen ziehen wollen, so dürfen sie

den bis zu einem gewissen Grade berechtigten und nützlichen
Konkurrenzkampf unter sich nicht dermaſsen ausarten lassen,
daſs sie Produkte ihrer Arbeit dem Publikum umsonst in den
Schoſs werfen. Vielmehr ist es allgemeine Standespflicht,
durch Zusammenhalten dafür zu sorgen, daſs durch den Wett-
bewerb nicht die Existenzbedingungen des einzelnen Standesgenossen untergraben werden.

Mit solchen Genossen, deren Existenz gesichert ist, wird
der ganze Stand dann Ehre einlegen können und bei ihnen
wird sich bald ein kräftiger Gemeinsinn regen, der zu weiteren
Verbesserungen mit hilft.

Wir leben in sozialer Beziehung in einer Übergangszeit,
denn es ist gerade infolge der gewaltigen Entwickelung der
Technik ein Umwandelungsprozeſs in der alten Gesellschafts-
ordnung eingetreten. Die alte gesellschaftliche Verfassung
wird in vielen Punkten nicht mehr als zu Recht bestehend
anerkannt. Die Achtung vor der wirtschaftlichen Arbeit hat
in allen Volkskreisen gewaltig zugenommen, wenn man sich
auch nicht einbilden soll, daſs es nicht noch andere Dinge
genug gibt, die Achtung erheischen. Es ist noch keine all-
seitig befriedigende Verfassung an die Stelle der alten gesetzt
worden.

Wenn wir Ingenieure, bei der allmählichen Herausbildung
einer solchen, Wünsche für unseren Stand haben, so ist es
jedenfalls jetzt schon an der Zeit, damit hervorzutreten. Das
thun denn auch die im Staats- und Kommunaldienst angestellten Ingenieure schon längst recht energisch, und sie
haben wohl schon einige Erfolge damit gehabt. Die von
Zeit zu Zeit in der Deutschen Bauzeitung erscheinenden Be-
richte darüber sind allgemein bekannt. Aber von seiten der
in der Privatpraxis stehenden Ingenieure ist in dieser Hinsicht
bis jetzt weniger geschehen. Fast die einzige Frage, mit
der sie sich — allerdings recht gründlich — beschäftigt

haben, ist die Vervollkommnung der technisch-wissenschaft-
lichen und praktischen Berufsbildung ihres Nachwuchses.
So wichtig und anerkennenswert das Bestreben in dieser
besonderen Richtung auch ist, so läfst sich doch nach obigem
sagen, dafs damit allein weder die Interessen des Ingenieurstandes genug gewahrt, noch sein Ansehen im Publikum
mehr gehoben werden kann, als es bis jetzt gelungen ist,
besonders kann damit allein den Privatingenieuren nicht zu
der höchst wünschenswerten Verbesserung und Konsoli-
dierung ihrer wirtschaftlichen Existenz und nicht zur besseren
Stellung im öffentlichen Leben verholfen werden, ebenso-
wenig wie mit Berufungen auf die gewaltigen Dienste, welche
von zahlreichen Angehörigen unseres Berufes dem deutschen
Vaterlande und der ganzen Menschheit geleistet worden sind.
So mancher von diesen Männern hat nicht einmal für sich
persönlich den gebührenden materiellen Erfolg damit zu erringen vermocht. Wenn wir nun hinterherkommen und für
unseren ganzen Stand andere Ansprüche darauf gründen
wollen, als allenfalls stolz zu sein auf solche Vorgänger oder
Berufsgenossen, dann können wir recht arge Enttäuschungen
erleben, ungefähr solche, wie sie den Griechen zu teil werden,
wenn sie sich auf die Verdienste ihrer Vorfahren um die
menschliche Kultur berufen und nicht für Verbesserung ihrer
jetzigen Staats- und Finanzverhältnisse sorgen.

Wenn wir die weiter oben angedeuteten Fragen auf
unseren Stand anwenden, so können nur bei einigen die Ant-
worten für uns günstiger lauten, als für andere gebildete
Berufsklassen. Hinsichtlich der übrigen aber müssen wir
erkennen, dafs es noch viel bei uns zu verbessern gibt.

Wenn auch dabei — wie schliefslich bei allen solchen
Bestrebungen — in erster Linie der einzelne an sich mit-
arbeiten mufs, so können ihm doch durch die Gemeinsam-
keit des Vorgehens die Wege geebnet, die Ziele klargestellt

werden, und es gibt manche unter diesen, die sich überhaupt nur mit vereinten Kräften erreichen lassen.

In dem oben erwähnten Aufsatze in der Deutschen Bauzeitung ist gesagt:

»Mit dem Ansehen der im öffentlichen Dienste
stehenden Techniker steigt auch das der Privatingenieure. Auf diese Thatsache kann nicht oft
genug hingewiesen werden, denn nur dann, wenn
alle Fachgenossen ohne jede Sonderinteressen das
hohe Ziel vor Augen haben, dem Technikerstande
jene Stellung zu erringen, welche ihm nach seinen
Leistungen im Kulturleben und nach seiner Produk-
tivität im wirtschaftlichen Leben gebührt, kann die
Erreichung dieses Zieles gelingen.«

Wenn wir nun auch glauben, daſs das Publikum stets
einen Unterschied zwischen den technischen Staatsbeamten
und den Privatingenieuren machen wird, und daſs eine Erhöhung des Standesansehens der ersteren nicht ohne weiteres
eine solche für die letzteren nach sich zieht[1]), so können
wir es trotzdem für beide Klassen des Ingenieurberufes vorteilhaft finden, wenn sie sich nach Kräften gegenseitig bei
ihren Bestrebungen unterstützen, und es liegt wohl kein Grund
vor, weshalb sie dies nicht thun sollten, wenigstens soweit
ihre Interessen die gleichen sind.

Bei einer von 150 bis 200 Ingenieuren aus ganz Deutschland, Österreich und der Schweiz besuchten Versammlung
von Heizungs- und Lüftungsfachmännern im vorigen Jahre
wurde vom Vorsitzenden, Geheimrat Professor Rietschel, in
der Eröffnungsrede betont, daſs trotz des unvermeidlichen
Konkurrenzkampfes unter den Fachgenossen ein gewisser

---

[1]) *Namentlich solange der Beamte eine gesicherte Lebensstellung hat
und der Privatingenieur nicht*, denn das erkennt das Publikum als höchst
wichtig.

Korpsgeist, Gemeinsinn und freudige Opferwilligkeit der einzelnen erwartet werden darf, wenn es sich um Wahrung gemeinsamer Interessen handelt. Gegen Ende dieser Verhandlungen, nach einem vom Fabrikbesitzer Ingenieur Junk gehaltenen Vortrage über die »Honorierung der Projekte für Heizungs- und Lüftungsanlagen«, wurde auf Wunsch der zahlreich anwesenden Privatingenieure die Wahl einer Kommission beschlossen, welche vorbereitende Schritte zu einer allgemeinen Agitation für die Honorierung dieser Produkte der geistigen Arbeit der Ingenieure thun soll. Der obengenannte Vorsitzende schlug vor, diese Kommission an den schon gewählten geschäftsführenden Ausschufs der Versammlung anzugliedern. Die im Ausschusse überwiegenden technischen Staatsbeamten erklärten sich aber offen gegen eine solche Angliederung, *»weil sie persönlich kein Interesse an den bezüglichen Arbeiten hätten«.* Es wäre wohl thöricht, den Herren deswegen einen Vorwurf zu machen. Im Gegenteil, ist ihre Offenheit anzuerkennen, weil die Privatingenieure daraus lernen — wenn sie es sich etwa nicht schon selbst sagen können —, dafs sie ihre besonderen Interessen selbst verfolgen müssen.

Die nun nur aus Privatingenieuren zusammengesetzte Kommission ist gegenwärtig mit der Verfolgung der Sache durch Einwirkung auf die mafsgebenden Kreise beschäftigt.

V. Notwendigkeit direkter Bezahlung aller Projektarbeiten.

Wenn es den Fabrikanten, vorerst in dem einen erwähnten Fabrikationszweige, und nach und nach hoffentlich auch in allen anderen, bei denen es not thut, gelingen sollte, für die Projektierungsarbeiten den Usus der direkten Bezahlung

von einzelnen Interessenten einzuführen, so wird der Vorteil
erstens darin liegen, dafs durch Wegfallen vielen nutzlosen
Projektierens Zeit gewonnen wird. Man bekommt wohl den
Einwand zu hören, dafs dadurch viele von den bisher in den
Fabrikbureaux mit Projekten beschäftigten Ingenieuren brotlos
werden müssen, aber erstens wird das nicht in dem Mafse
eintreten, wie die Zahl der zu bearbeitenden Projekte ab-
nimmt, weil ein grofser Teil der gewonnenen Zeit auf Verbesserung von Konstruktionen und auf bessere Ausarbeitung
der dann direkt bezahlten, also nicht mehr als ein not-
wendiges Übel angesehenen Projekte verwendet werden wird.
Zweitens wird die Einführung des neuen Honorargebrauches
ja doch nicht so plötzlich und gleichzeitig in allen Fabrikations-
zweigen stattfinden, dafs nicht durch allmähliche Verminderung
neuer Anstellungen von Ingenieuren in den Bureaux, auch
ohne Entlassung der vorhandenen, der Bedarf ausgeglichen
werden könnte. Im Heizungsfache beabsichtigt man z. B.
zunächst nur von den Privatpersonen Honorierung der Projekte zu verlangen und hofft erst später das gleiche von
den Baubehörden zu erreichen. Jedenfalls darf und wird
man den Übelstand, dafs jetzt eben viele Ingenieure mit
unnützen Arbeiten beschäftigt sind, nachdem er einmal em-
pfunden worden ist, nicht blofs deshalb ewig bestehen lassen,
weil bei seiner Behebung natürlich ein Feld nützlicher Arbeit
für die betreffenden Ingenieure gesucht werden mufs. Nützliche Dinge gibt es glücklicherweise noch genug zu thun.
Ein solches Feld wird sich z. B. finden lassen, wenn man
daran denkt, wie viele Gebiete der Technik es noch gibt,
auf denen bisher nur deshalb nichts Rechtes geleistet wird,
weil die zu den betreffenden technischen Anlagen erforder-
lichen materiellen Lieferungsobjekte nicht viel kosten,
sondern die Hauptsache darin besteht, dafs der Ingenieur in
mühevoller Weise die Verhältnisse studiert und langwierige

rechnerische und graphische Arbeiten vornehmen muſs, wenn er eine befriedigende, zweckmäſsige Anlage schaffen will!

Es ist doch selbstverständlich, daſs bei der bisherigen Lage der Verhältnisse kein Fabrikbesitzer Lust hat, solche Gebiete der Technik zu kultivieren, bei denen die hohen Projektierungskosten unmöglich auf die Preise der paar geringwertigen zugehörigen Materialien aufgeschlagen werden können. Ein Privatingenieur, der nicht Fabrikbesitzer ist, kann aber, solange das Publikum nicht daran gewöhnt ist, die Projekte zu bezahlen, noch viel weniger solche Arbeiten übernehmen. Deshalb beschäftigt sich vorläufig kein Fachmann damit, sondern der Laie, der sie braucht, pfuscht sich selbst etwas zurecht, ohne die Erfahrungen anderer zu kennen, so daſs jeder wieder in dieselbe Fehler verfällt, die seine Vorgänger schon hundertmal gemacht haben.

Den Ingenieuren bleiben solche Gebiete der Thätigkeit bisher verschlossen, und das Publikum hat für seine immer wieder miſslingenden Versuche sehr viel gröſsere Unkosten, als wenn es dem Fachmanne die zum Erfolge nötige Arbeit bezahlte.

Wenn eine gröſsere Anzahl von Privatingenieuren in Deutschland durch die direkte Bezahlung ihrer Arbeiten seitens des Publikums in die Lage versetzt würde, eine selbständige Thätigkeit, unabhängig von den Fabrikbureaux, zu entfalten, so könnte das nur günstige Folgen für den Ingenieurstand und für die gesamte Industrie haben.

Man braucht jedenfalls nicht zu befürchten, daſs infolge des verminderten Bedarfes an Arbeit in den Projektierbureaux der Fabriken die Gehälter der Ingenieure sinken werden. Die Einführung der besprochenen Neuerung wird nicht bloſs den Fabrikbesitzer, dadurch, daſs er die Kosten der Bureauarbeit jedesmal direkt vom Interessenten vergütet erhält, willfähriger machen, das Gehalt des Personals ungeschmälert zu lassen, sondern es wird ihm dann auch eher möglich

sein, das Eigeninteresse des Ingenieurs mit dem Gedeihen
der Arbeit mehr in Einklang zu bringen, indem er ihm,
neben einem garantierten Minimalgehalte pro Jahr, doch
noch eine Art von Accordlohn für die gelieferten Projekte,
oder einen direkten Anteil an der für diese vom Interessenten
zu bezahlenden Vergütung gewähren kann. Das wird mehr
Lust und Liebe zur Arbeit beim Angestellten erwecken und
seine Leistungen in jeder Hinsicht fördern. Es wird sich
aber auch eine günstige Wirkung für den Fabrikbesitzer in-
sofern zeigen, als die in jedem einzelnen Falle bei der Ver-
gebung von Aufträgen heranzuziehende Zahl von Konkurrenten natürlich geringer wird, wenn der Anfragende einem
jeden derselben wenigstens die ihm verursachten Projektierungsarbeiten bezahlen mufs. Je weniger Konkurrenten
sich aber um die Beute zu streiten haben, um so mehr Aussicht ist da, dafs die Preise nicht unter das normale Mafs
hinabgedrückt werden, und um so weniger wird der Fabrikant
dazu gedrängt werden, blofs auf Billigkeit zu arbeiten, anstatt,
wie es für alle Beteiligten besser ist, das Hauptgewicht auf
gediegene Ausführung zu legen, die sich natürlich nicht mit
dem niedrigsten Preise vereinbaren läfst. Alles dies wird
denn wohl auch einen günstigen Einflufs auf die Gehälter
der in den Fabriken angestellten Ingenieure haben. Die
Besitzer dieser Fabriken gehören selbst fast alle dem
Ingenieurstande an. Es liegt also im Interesse des letzteren,
wenn auch für sie pekuniäre Vorteile entstehen. Die Einnahmen und sonstigen Erfolge, welche durchschnittlich die
Angehörigen eines Standes aus ihrer Berufsthätigkeit ziehen,
kommen mit in Frage, wenn es sich um das Ansehen desselben handelt. Man braucht aber nicht einmal den Haupt-
wert der besprochenen Neuerung in solchen materiellen
Erfolgen zu suchen, denn es läfst sich zeigen, dafs auch
moralische Vorteile mit derselben verknüpft sein werden,

und das Gefühl für diese ist es jedenfalls, welches in erster
Linie den Anstofs zu der erwähnten Bewegung unter den
Heizungsingenieuren gegeben hat. Um dies zu verstehen,
braucht man sich nur zu vergegenwärtigen, wie deprimierend
es auf jeden gebildeten Menschen wirken mufs, wenn er
sieht, wie seine mit grofsem Fleifse geschaffene Arbeit nicht
recht gewürdigt, oft geradezu mifsachtet wird, wie man
Projekte, an denen auf Bestellung wochenlang gearbeitet
worden ist, entweder nur zur kostenfreien Belehrung benutzt,
oder den Konkurrenzfirmen zur Kenntnis bringt, oder aber
einfach unbesehen in den Papierkorb steckt, wie man in
langen Konferenzen und Vorarbeiten sich vom Fachmanne
Rat holt und gar nicht daran denkt, seine Mühe anzuerkennen, oder gar zu bezahlen, sondern von vornherein
entschlossen ist, die Ausführung der fraglichen Anlagen ihm
nicht zu übertragen. Über das bittere Gefühl, so mifsbraucht
worden zu sein, kann der Gedanke, dafs die Kosten der
vergeblichen Arbeit bei anderen Gelegenheiten auf die Preise
aufgeschlagen werden müssen, denn doch nicht hinweghelfen,
zumal dieser Gedanke auch nicht immer ausführbar ist,
sondern der Schaden vom einzelnen Ingenieur oder Fabrikanten oft voll getragen werden mufs. Ist nicht anzunehmen,
dafs das Publikum die bezahlten Projekte gründlicher ansehen
und zu würdigen wissen wird, als diejenigen, die es umsonst
bekam? Ist nicht zu erwarten, dafs es zur Hebung des
Selbstbewufstseins der Fabrikanten und Ingenieurs beitragen
wird, wenn er sieht, dafs niemand seine Dienste in Anspruch
nehmen kann, ohne dafür zu zahlen, was recht und billig ist?
Solche Erhöhung der Selbstachtung wird den Charakter und
das Benehmen der Standesgenossen nur günstig beeinflussen
können und dadurch wiederum das Ansehen des Standes im
Publikum heben.

VI. Reform der bisherigen Zustände.

Wie steht es nun mit der Durchführbarkeit des Vor-
schlages?

Es ist klar, daſs die *einzelnen* Fabrikbesitzer und Ingenieure
nicht im stande sind, die Neuerung einzuführen, sondern daſs
nur ein gemeinsames Vorgehen der Fachgenossen, wenigstens
in einem bestimmt abgegrenzten Gebiete der Technik zum
Erfolge verhelfen kann. Es wäre also in erster Linie nötig,
daſs die bedeutenden Fabrikfirmen eines Faches unter sich
eine Vereinbarung treffen, wonach sie für Pläne und Kosten-
anschläge mindestens zwei Prozent der Summe des An-
schlages und die etwa notwendig gewordenen Reisekosten
in Rechnung stellen. Es sei hier auf die ausführlicheren
Vorschläge des Herrn Junk in seinem erwähnten Vortrage
hingewiesen, welcher im »Gesundheitsingenieur« gedruckt
erschienen ist. Wenn die bedeutenden Firmen sich in dieser
Weise einigen, so unterliegt es keinem Zweifel, daſs sich
der bessere Teil der kleineren Fabrikanten ihnen gerne an-
schlieſsen wird, und daſs die Interessenten ihnen lieber die
Projektkosten bewilligen, als sich an die übrigen minder-
wertigen Unternehmer wenden werden, zu denen sie trotz des
unentgeltlich zu bekommenden Projektes kein Vertrauen fassen
können. Wie erfolgreich eine Vereinigung Industrieller derartige Beschlüsse und Vereinbarungen zur Durchführung
bringen kann, dafür bietet die vom Civilingenieur R. H. Kaemp
in der Zeitschrift d. V. D. I. 1897 S. 719 u. 720 beschriebene
Maſsregel ein Beispiel, wie der Verein Deutscher Portland-
cement-Fabrikanten das verwerfliche und für den Ruf der
deutschen Industrie höchst nachteilige Mischverfahren be-
kämpft hat. Es gelang dem Verein vollständig, dasselbe zu
beseitigen, weil seine Mitglieder sich der Vereinsbestimmung
unterworfen hatten, daſs diejenigen, welche das verbotene

Verfahren anwenden, *aus dem Verein zu weisen und solche Auszweisungen öffentlich bekanntzugeben seien.*

Wenn es uns Ernst damit ist, unserem Stande zu höherem Ansehen zu verhelfen, so dürfen wir uns vor allem nicht scheuen, Mängel, soweit solche vorhanden sind, uns selbst offen zuzugestehen, damit wir gemeinsam auf Besserung hinwirken können. Selbsterkenntnis ist eine der schwierigsten Aufgaben, und zu einem richtigen Urteile über die gegenwärtigen Zustände in unserem Berufe können wir nur gelangen, wenn wir eine offene, ehrliche Kritik derselben ohne Empfindlichkeit vertragen. Ferner wird nichts zu erreichen sein, wenn wir nicht ein gehöriges Maſs von Standespflichten auf uns nehmen.

In letzter Beziehung kann uns die Standes- und Ehrenordnung der Ärzte im Königreiche Sachsen zu denken geben, wenn wir dieselbe mit dem in unserem Stande gebräuchlichen Verhalten der Fachgenossen gegeneinander vergleichen:

»In der vom Ministerium des Innern für die ärztlichen Bezirksvereine, *also für alle im Königreich Sachsen praktizierenden Ärzte* erlassenen Standesordnung wird den Ärzten untersagt: jede öffentliche Anpreisung, Kauf und Verkauf der ärztlichen Praxis, die miſsbräuchliche Bezeichnung als Spezialist, ausschlieſslich briefliche Krankenbehandlung, Zusammenbehandlung der Kranken mit Nichtärzten, Vertretung durch Nichtärzte, Ausstellung von Zeugnissen über Wirksamkeit von Geheimmitteln, Übernahme von Kranken eines anderen Arztes ohne rechtzeitige Benachrichtigung des letzteren, Übernahme einer dauernden Kontrollthätigkeit ohne Genehmigung des Bezirksvereins, Ablehnung der Zuziehung eines zweiten Arztes als Berater, Praxiserwerb durch Unterbietung oder Gewährung von Vorteilen an dritte, *Honorarerlaſs an Bemittelte* und *Honorarherabsetzung unter die*

Gebührentaxe, endlich der Abschlufs von Verträgen mit Gesell-
schaften, wie z. B. mit Krankenkassen ohne Genehmigung
des Bezirksvereins. Aufserdem hat das Ministerium eine
Ehrenordnung erlassen. Diese verlangt, dafs in jedem
Bezirksvereine ein dreigliederiger Ehrenrat gebildet wird,
der Berufsstreitigkeiten, Übertretungen der Standesordnung,
schriftliche Beschwerden und strafbare Handlungen, welche
zu öffentlicher Klage geführt haben, untersucht und nach
Befinden das ehrengerichtliche Verfahren einleitet. Die ehren-
gerichtlichen Strafen sind: Warnung, Verweis, Geldstrafen
von 20 bis 1500 Mk., Aberkennung des Wahlrechts und
der Wahlfähigkeit und, wenn es sich um einen Zahnarzt
handelt, Ausschlufs aus dem Bezirksverein. Gegen die
schriftlich zu eröffnende Entscheidung steht dem Verurteilten
Berufung an den Ehrengerichtshof zu, der aus einem höheren
Verwaltungsbeamten als Vorsitzenden und vier vom Kreis-
vereinsausschusse auf drei Jahre gewählten Beisitzern besteht.
Seine Entscheidungen sind endgültig. Zur Verurteilung bedarf es beim Ehrenrate der Zweidrittel-, beim Ehrengerichts-
hofe der Vierfünftel-Mehrheit.«

In dieser Standesordnung spricht sich deutlich aus, welche
Rücksichten und Standespflichten die Ärzte für nötig halten,
um das Ansehen ihres Standes, das trotz ihrer unzweifelhaft
in hoher Blüte stehenden Berufsbildung und trotz der
eminenten Leistungen der Chirurgen nach einer oft gehörten
Meinung im Sinken begriffen sein soll, wieder kräftig zu heben.

Da es mehr Raum beanspruchen würde, als an dieser
Stelle zur Verfügung steht, wenn wir auf die wichtigsten
oben angedeuteten, die gesicherte wirtschaftliche Existenz[1])

---

[1]) Wer sich einen Begriff davon machen will, was für gewaltige Vorteile in England sogar schon gewisse Arbeiterklassen durch Koalitionen
errungen haben, der lese das kürzlich in zweiter vermehrter Auflage er-
schienene Werk von Professor Heinrich *Herkner* »Die Arbeiterfrage«. Nicht

der Berufsgenossen betreffenden Fragen auch nur insoweit
eingehen wollten, um in den Hauptzügen zu besprechen,
was dazu geschehen mufs, so wollen wir das für eine spätere
Zeit und Gelegenheit aufsparen und vorläufig kleinere Dinge
in den Kreis der Betrachtung ziehen.

VII. Die Titelfrage im Zusammenhange mit der Herbeiführung eines geschlossenen Standes.

Eines von diesen Dingen, über welches in der Deutschen
Bauzeitung die Verhandlungen schon in Flufs gekommen
sind und schon viele Meinungsäufserungen vorliegen, ist die
Titelfrage. Von ihr kann man sagen: die Sache an sich ist
so klein, dafs sie kaum der Rede wert erscheint, aber sie
gewinnt sofort an Wichtigkeit, wenn man mit den erfahrungs-
gemäfs gegebenen Eigenschaften der Menschen rechnet.
Deshalb sehen wir auch, welchen Wert unsere im Staats-
und Kommunaldienste stehenden Berufsgenossen auf diese
Frage legen.

Wir müssen zugeben, dafs in zwei Richtungen von der
Einführung eines Titels Nutzen zu erwarten ist. Erstens
kann dadurch eine regelrechte Abgrenzung herbeigeführt

---

nur Steigerung ihrer Einnahmen und günstigere Arbeitsbedingungen haben
sie erreicht, sondern ein vollkommen ausgebildeter ›Gewerkverein‹ tritt dort
für seine Mitglieder so gut im Falle der Arbeitsunfähigkeit — bedingt durch
Krankheit, Unfall, Invalidität oder hohes Alter —, als im Falle der Arbeits-
losigkeit ein. Es besteht somit für die Mitglieder solcher Verbände keinerlei
Anlafs, noch besonderen Versicherungs-Organisationen sich anzuschliefsen.
Dies soll natürlich nur als ein Beispiel dafür gesagt sein, was sich durch
einmütiges Zusammenwirken der Mitglieder in einem Berufsstande erreichen
läfst, da in dem unsrigen eine zu schaffende ›Existenzversicherung auf
Gegenseitigkeit‹ selbstverständlich ganz andere standesgemäfse Bedingungen
zu erfüllen haben wird, als in jenen Gewerksvereinen.

werden, so dafs klar wird, wer zum Stande gehört und wer nicht. Damit ist durchaus nicht die Gefahr schädlichen Kastengeistes verknüpft, wenn die Erlangung des Titels und damit der Eintritt in die Berufsgenossenschaft nicht ungebühr- lich erschwert wird, sondern jedermann frei steht, der es nach dem Urteile des gesunden Menschenverstandes mit Recht beanspruchen kann. Ein so geschlossener Stand wird seine Interessen natürlich besser vertreten können, als ein offener, dem sich immer Elemente beigesellen werden, die nicht hineingehören und sein Ansehen herabziehen. Wir können sagen, dafs die Einführung eines Titels *oder sonstigen Unterscheidungsmittels* eine unerläfsliche Vorbedingung für die ungehinderte Entfaltung unserer besten Kräfte zur Hebung unseres Standes ist. Wir dürfen also nicht glauben, dafs uns dieses Mittel *allein* schon zum eigentlichen Ziele verhilft. Zweitens aber wäre es unpolitisch, wenn wir Äufserlichkeiten der Art, wie das Titelwesen in Deutschland nicht berück- sichtigen wollten, während wir doch alle wissen, welche Wirkungen sich mit Titeln erreichen lassen — manchmal selbst, wenn kein gesunder Kern dahinter steckt —, um wieviel mehr, wenn wir einen solchen doch auch bieten können und wollen. Die Frage, ob wir nach der Einführung eines Titels streben wollen oder nicht, hat etwas verwandtes mit der, wie weit wir uns dem Zwange der konventionellen Gebräuche in der gebildeten Gesellschaft überhaupt unter- werfen und ihre Formen, wenn sie harmlos sind, respektieren. Wenn man uns sagt, es sei natürlich, dafs dem ge- bildeten Techniker immer etwas von der Rauheit des Materials anhafte, mit dem er in seinem Berufe zu thun hat, so ist das eine ebenso sinnlose Phrase, als wenn jemand behaupten wollte, dem Arzte müsse immer etwas Krankhaftes, oder dem Strafrichter etwas Verbrecherisches anhaften, weil sie mit Kranken und Verbrechern zu thun haben; jedenfalls liegen

gar keine Gründe vor, weshalb mit unserem Berufe eine
besondere Rauheit der Sitten notwendig verknüpft sein, und
weshalb wir nicht die schwierigsten Dinge auf dem Gebiete
des »guten Tones« spielend leisten, auch ehrwürdige Titel
mit Grazie tragen sollten.

Studieren wir die Geschichte des Doktortitels, über
welche u. a. ein Aufsatz in Ersch und Grubers Encyklopädie
I. Sekt. 26 T. Seite 237 gründliche Auskunft gibt, so sehen
wir, daſs mit dem Worte Doktor jahrhundertelang jeder
Lehrer überhaupt bezeichnet worden, und man dann erst
allmählich dazu gekommen ist, mit dem Worte den Begriff
eines besonders zu verleihenden Titels zu verknüpfen. Diese
Auffassung wurde später erst durch obrigkeitliche Verfügungen
sanktioniert. Danach müssen wir zu der Ansicht gelangen,
daſs die Verleihung des Rechtes zur Doktorpromotion seitens
der Landesregierungen an technische Hochschulen denn doch
keine so schwierige Sache wäre, wie es in einem Artikel
von Professor Ferchland in der Deutschen Bauzeitung mit
Rücksicht auf angebliche ausschlieſsliche Privilegien der Uni-
versitäten angenommen wird. Seinen daran geknüpften Vor-
schlag, daſs die wissenschaftlich gebildeten Techniker diesen
Titel zwar allgemein bei sich einführen, sich ihn aber stets
an der Universität holen sollen, indem sie einen Teil ihrer
Studienzeit an dieser zubringen sollen, wird man aus dem
Grunde nicht für annehmbar halten können, weil die Uni-
versitätsprofessoren doch weder den Architekten, noch den
Bau-, noch den Maschinen-Ingenieur in ihren Hauptfächern
prüfen können.

Wenn die Prüfung sich nur auf die Hilfsfächer erstrecken
soll, der Techniker in derselben also nicht zeigen kann, was
er in den Hauptwissensgebieten seines Berufes leistet, so
wäre er doch gegenüber den Kandidaten der vier Universitäts-
fakultäten gar zu sehr im Nachteile.

Ferner kann uns aber die Geschichte des Doktortitels auf den Gedanken führen, ob sich nicht auch die bisherige freie Berufsbezeichnung »Ingenieur« noch zu einem wirklichen, nur auf Grund eines öffentlichen Examens zu erlangenden Titel gestalten kann. Die Furcht, dafs die Einführung eines solchen Examens verflachend auf die Berufsbildung einwirken könnte, mufs man doch wohl fallen lassen, wenn man bedenkt, dafs sich bei den Ärzten und deren Examen eine solche Wirkung nicht gezeigt hat. Im grofsen Publikum ist jetzt schon die allerdings noch irrige Anschauung verbreitet, dafs für den Privatingenieur in Deutschland eine obligatorische Berufsprüfung bestehe.

Es darf selbstverständlich nicht verlangt werden, dafs durch ein solches Examen eine Einschränkung der Gewerbefreiheit herbeigeführt wird, sondern es kann sich nur darum handeln, die verschiedenen jetzt schon bestehenden Arten von Ingenieurprüfungen einer einheitlichen staatlichen Ordnung zu unterwerfen und von Staats wegen dafür zu sorgen, dafs keine Mifsbräuche dabei vorkommen können.[1]) Eine derartige Reform darf keine rückwirkende Kraft haben, sondern es mufs allen Technikern, welche sich vor Eintritt derselben in den polizeilichen Einwohnerlisten, Steuerlisten u. s. w. schon Ingenieur genannt haben, für ihre Person gestattet sein, dies auch fernerhin zu thun. Wir sehen ja auch bei anderen Ständen, dafs die nach älterer Ordnung mit einem Titel oder Range versehenen Personen bei Einführung neuer Vorschriften von deren Anforderungen verschont bleiben. Wenn sich unter dem nach Einführung einer solchen Reform kom-

---

[1]) Aus der selbstverständlich zu stellenden Forderung, dafs die Ingenieurprüfungen in Zukunft *nur* an den technischen Hochschulen abgehalten werden dürfen, folgt keineswegs, dafs die Kandidaten ihre Studien nur an diesen gemacht haben müfsten, sich nicht vielmehr ausnahmsweise ihre Kenntnisse auch anderweitig erworben haben könnten.

menden jungen Nachwuchse an wissenschaftlich gebildeten
Leuten auf dem Gebiete des Maschinenbaues und der mecha-
nischen Technik, wie zu erwarten ist, immer noch solche
finden werden, die keine Lust haben, sich der Prüfung zu
unterwerfen, so soll denselben selbstverständlich, trotzdem
frei stehen, in jeder Hinsicht ihre wissenschaftliche und
praktische Berufsthätigkeit auf diesem Gebiete auszuüben,
nur sollen sie sich des Gebrauches des Titels Ingenieur
enthalten. Das ist denn doch wohl keine unbillige Zumutung,
da ihnen, je nach der mehr theoretischen, oder mehr praktischen Art ihrer Thätigkeit, noch genug andere Bezeich-
nungen für ihre Berufsstellung übrig bleiben, z. B. Techniker,
technischer Privatgelehrter, Maschinenkonstrukteur, Maschinen-
fabrikant u. dergl. mehr. Herrscht doch auch für die Heil-
kunst Gewerbefreiheit, so dafs jedermann gewerbsmäfsig
Kranke behandeln und sich dabei Heilkünstler, Spezialist für
diese und jene Leiden u. s. w. nennen darf. Nur der Titel
Arzt ist denjenigen vorbehalten, die das Examen dazu bestanden haben. Hier mag erwähnt werden, dafs das Wort
Arzt (von archiater) ebensowohl lateinischer Abstammung ist,
wie das Wort Ingenieur, welches von dem Worte ingenium,
jedoch nicht von demselben in seiner Hauptbedeutung: Geist,
sondern von ingenium = Kriegsmaschine abstammt. Der
Ingenieur war also ursprünglich der Erbauer und Aufsicht-
führende der Kriegsmaschinen. Die Erbauung derselben gehört ja heute bei Krupp noch zu seinem Berufe.[1])

Jedenfalls mufs in unserem Berufe vermieden werden,
dem Examenskandidaten durch die Prüfungsvorschriften einen

---

[1]) Die Ableitung von ingenium = Kriegsmaschine gibt Sanders an.
Grimm sagt, dafs das Wort Ingenieur im 17. Jahrhundert als Bild für einen
fein berechnenden Menschen überhaupt gebraucht wurde, z. B.: »Wer die
Teutschen in Einverstand bringen will, mufs ein kluger und sehr guter
Ingenieur sein.« — Der wohnt im Sachsenwalde.

bestimmten Bildungsgang aufzudrängen. Wo und wie der Ingenieur seine Kenntnisse und Fertigkeiten erworben hat, muſs gleichgültig sein, wenn er sie und das gehörige Maſs allgemeiner Bildung im Examen nur nachzuweisen vermag. Wir wollen doch auch in Zukunft um keinen Preis in unseren Reihen solche Männer thatkräftiger Art vermissen, welchen zwar ihre Vermögensverhältnisse nicht erlaubt haben, in den Jugendjahren regelrecht die Hochschule zu besuchen, die sich aber statt dessen aus eigener Kraft zu tüchtigen Ingenieuren ausgebildet haben. Wir wissen alle zu wohl, was Männer dieser Art geleistet haben und fernerhin leisten werden.

Es wird Aufgabe des Ingenieurstandes sein, darauf hinzuwirken, daſs die in der Prüfung zu stellenden Anforderungen in möglichster Übereinstimmung mit dem erhalten werden, was vernünftigerweise in der Praxis vom angehenden Ingenieur an Wissen und Können verlangt werden muſs. Auf die besonderen Ziele, welche der Kandidat sich in seinem Berufe stecken will, könnten bei der Prüfung gebührende Rücksichten genommen werden, aber auf eine gediegene mathematisch-naturwissenschaftliche Bildung als unentbehrliche Grundlage für alle technischen Fachstudien muſs unter allen Umständen gehalten werden. Jedenfalls darf die Examenseinrichtung nicht dazu miſsbraucht werden, den frischen Nachwuchs unseres Standes zu zwingen, daſs er sich mit irgend welchen Wissenschaften befaſst, von denen die Gelehrten zwar überzeugt sind, daſs sie der Technik *später* einmal nützlich sein werden, die aber thatsächlich in der Praxis noch keine Aufnahme gefunden haben.[1] Es ist gewiſs gut, daſs etwas für die Einführung solcher Wissenschaften in die

---

[1] Für diejenigen, welche über ihre Kenntnisse und Leistungen auf solchen wissenschaftlichen Spezialgebieten ein akademisches Zeugnis erlangen wollen, kann das an der technischen Hochschule einzuführende Doktorexamen bestimmt sein. (Doctor technologiae, artium etc.)

3

Praxis geschieht, und wir alle werden in dem Wunsche einig
sein, dafs der Ingenieurstand auf den wissenschaftlichen Bahnen,
die ihm von den deutschen technischen Hochschulen vor-
gezeichnet werden, immer weiter vordringe — wissen wir
doch die bisher dabei errungenen grofsartigen Erfolge alle
wohl zu schätzen —, aber es ist jedenfalls richtiger, dafs
jeder wissenschaftliche Fortschritt der Art zunächst bei den
in der Praxis stehenden älteren Ingenieuren eingeführt wird.
Erst nachdem das Wissen bei ihnen Gemeingut geworden
ist, hat man eigentlich das Recht, es in der Prüfung von
dem Neulinge zu verlangen. Es ist selbstverständlich, dafs
der Ingenieur in der Praxis nicht aufhören darf, weiter zu
studieren, deshalb braucht er bei der Eintrittsprüfung auch
nicht mehr zu wissen, als zum Anfange eben erforderlich ist.
Wenn er etwa nicht weiter studierte, so würde ihm ein
Mehr doch nichts nützen, weil sich dieses Mehr ja doch
immer nur auf *Elemente* von allerlei Wissenschaften erstrecken
kann, die er zunächst nicht braucht oder alsobald vergifst.
Studiert er weiter, wie es nötig ist, so kann er besser in
der Praxis mit den Elementen dieser Wissenschaften neu
anfangen. Sein Interesse dabei wird häufig lebhafter sein,
als wenn er die vor Jahren ohne Nutzanwendung gelernten
Dinge repetieren soll.

Ferner erscheint es nötig, dem Ingenieurexamen[1]) den
Charakter eines Wettbewerbes zwischen den Kandidaten
durchaus zu benehmen, also die Unterschiede, ob jemand
dasselbe genügend, gut, besser oder am besten bestanden
hat, ganz fallen zu lassen und nur zu entscheiden, ob das
in der Prüfung zu verlangende Minimum geleistet wird oder
nicht. Zum Wettbewerbe bietet das Berufsleben nachher
allen noch Gelegenheit genug. Da die Gelehrten ohnehin
nicht darüber einig sind, ob ein Examen überhaupt

---

[1]) Nicht so beim Doktorexamen.

pädagogisch nützlich oder schädlich ist, so sollte man darauf
verzichten, mit demselben pädagogische Ziele zu verfolgen,
worauf doch die den Ehrgeiz anstachelnde Einrichtung desselben nach Art eines Wettbewerbes jedenfalls gemünzt ist.
Es ist nicht gut, mit einer Maſsregel allerlei Nebenzwecke
verfolgen zu wollen, weil sonst die Gefahr eintritt, daſs sie
für die Erfüllung des Hauptzweckes schlecht ausfällt.

Deshalb wird man sich bei dem Ingenieurexamen am
besten darauf beschränken, es zu einer Art von Schutzwehr
zu benutzen, die dem Stande alle wirklich unberechtigten
Elemente, die nur darauf ausgehen, sich mit ihrer Zugehörig-
keit zu demselben zu brüsten, aber seinem Ansehen natürlich
schaden müssen, fern zu halten. Wir können auch hinsichtlich des Examens sagen, daſs das Maſs der dabei verlangten
wissenschaftlichen Kenntnisse nicht ausschlaggebend für das
Ansehen des Standes ist, indem wir darauf hinweisen können,
daſs das Ansehen des preuſsischen Offizierstandes und der
deutschen Marineoffiziere nicht im mindesten dadurch be-
einträchtigt wird, daſs bei ihrem Examen geringere Ansprüche gestellt werden, als bei der Maturitätsprüfung für
die Universitätsstudien.

Wenn die besprochenen Grundsätze gewahrt bleiben,
so wird man nicht zu befürchten haben, daſs unserem Nach·
wuchse durch das Examen unnötige Opfer an Zeit und Geld
auferlegt werden, oder daſs jemand, sobald er auch nur
leidlich die Berufsthätigkeit eines Ingenieurs auszuüben im
stande ist, aus anderen Gründen, als etwa aus Eigensinn,
Querköpfigkeit oder Mangel an Gemeinsinn die Ablegung
des Examens zu unterlassen braucht. Für den ganzen Stand
wird aber erreicht werden, daſs sich nicht mehr Leute, die
keine Ingenieure sind, an seine Rockschöſse hängen, daſs
nicht jeder Industrieritter oder Schnorrer unter der Flagge
eines Ingenieurs segeln kann.

3*

Wer will bezweifeln, daſs nicht eine derartige reinliche
Scheidung allein schon für den Stand einen Gewinn bringen
wird, der die kleinen Mühen und Ausgaben, welche für
jeden mit dem Examen verknüpft sind, reichlich aufwiegt.
Man hat einerseits zu bedenken, daſs der Kandidat nichts
für das Examen, sondern alles nur für das Leben, für seinen
Beruf zu lernen braucht, andrerseits manches zu unserem
Gesamtwohle höchst notwendige Resultat überhaupt erst
in dem geschlossenen Stande, zu dem uns die Examenseinrichtung verhilft, zu erreichen sein wird.

VIII. Schluſs.

Wir können uns glücklich schätzen, daſs es gelungen
ist, unseren Berufsstand auf die jetzige wissenschaftliche Höhe
zu bringen. Das ist keine verlorene Arbeit, sondern bildet
die notwendige Grundlage, auf der wir weiter zu bauen
haben, aber jetzt ist es an der Zeit, dafür zu sorgen, daſs
unsere berechtigten höheren Lebensansprüche berücksichtigt
werden, daſs uns die Früchte unserer Arbeit nicht entgehen.
Dazu gehört eine Organisation unseres Standes, durch welche
der bisherige Miſsbrauch unentgeltlicher Arbeitsleistungen
beseitigt wird, und es kommt vor allem das Interesse und
der gute Wille der Fabrikbesitzer und Fabrikdirektoren für
eine solche Reform in Frage.

Für sie ist hier die Gelegenheit, mit weitblickendem
Gemeinsinne eine That zu vollbringen, die ihnen selbst zum
Vorteile und zur Ehre und der gesamten deutschen Industrie
zum Segen gereichen muſs.

Aber auch wir übrigen Berufsgenossen dürfen Übel-
stände der besprochenen Art nicht mit Resignation oder

Gleichgültigkeit ertragen, als ob wir glaubten, dafs nützliche
Einrichtungen für uns von selbst wachsen werden, sondern
es ist wichtig, dafs wir so oft und so eindringlich wie möglich öffentlich mifsbilligen, was schlecht ist, und aussprechen,
wie wir es gebessert haben wollen. In Versammlungen,
technischen Vereinen u. s. w. wird viel zu wenig über die
wirklichen Interessen unseres Standes verhandelt. Wie oft
werden dort nicht viele Stunden auf die Besprechung rein
technischer Fragen verwendet, die ja trotz ihrer Unscheinbar-
keit sehr wichtig sein können, die aber ihre Erledigung
meistens ebensogut ohne solche Beratungen durch die Praxis
finden werden, während doch zur Wahrung solcher Interessen,
wie wir sie hier im Sinne haben, die persönliche Besprechung
der dabei in Betracht kommenden Fragen unentbehrlich ist,
weil dazu das gegenseitige Vertrauen gehört, welches die
Berufsgenossen beim geselligen Verkehre in solchen Ver-
einigungen zu einander fassen. Es ist eine gute, uralte
deutsche Sitte, dafs gleich und gleich sich zum gemeinsamen
Schutze der Standesrechte und zum gemeinsamen Erringen
von Vorteilen im Kampfe ums Dasein aneinander schliefsen.
Wann endlich werden die deutschen Ingenieure sich dazu
vereinigen?

Druck von R. Oldenbourg in München.

www.ingramcontent.com/pod-product-compliance
Lightning Source LLC
Chambersburg PA
CBHW031457180326
41458CB00002B/802